XUE KE XUE MEI LI DA TAN

学科学魅力大探

U0598791

地理发现之旅

谢登华 编著　丛书主编 周丽霞

洞穴：深邃的探险之路

汕頭大學出版社

图书在版编目（CIP）数据

洞穴 ：深邃的探险之路 / 谢登华编著. -- 汕头 ：汕头大学出版社，2015.3（2020.1重印）
（学科学魅力大探索 / 周丽霞主编）
ISBN 978-7-5658-1729-8

Ⅰ. ①洞… Ⅱ. ①谢… Ⅲ. ①溶洞－世界－青少年读物 Ⅳ. ①P931.5-49

中国版本图书馆CIP数据核字(2015)第028210号

洞穴：深邃的探险之路　　DONGXUE：SHENSUI DE TANXIAN ZHILU

编　　著：谢登华
丛书主编：周丽霞
责任编辑：胡开祥
封面设计：大华文苑
责任技编：黄东生
出版发行：汕头大学出版社
广东省汕头市大学路243号汕头大学校园内　邮政编码：515063
电　　话：0754-82904613
印　　刷：三河市燕春印务有限公司
开　　本：700mm×1000mm　1/16
印　　张：7
字　　数：50千字
版　　次：2015年3月第1版
印　　次：2020年1月第2次印刷
定　　价：29.80元
ISBN 978-7-5658-1729-8

版权所有，翻版必究
如发现印装质量问题，请与承印厂联系退换

前言

科学是人类进步的第一推动力，而科学知识的学习则是实现这一推动的必由之路。在新的时代，社会的进步、科技的发展、人们生活水平的不断提高，为我们青少年的科学素质培养提供了新的契机。抓住这个契机，大力推广科学知识，传播科学精神，提高青少年的科学水平，是我们全社会的重要课题。

科学教育与学习，能够让广大青少年树立这样一个牢固的信念：科学总是在寻求、发现和了解世界的新现象，研究和掌握新规律，它是创造性的，它又是在不懈地追求真理，需要我们不断地努力探索。在未知的及已知的领域重新发现，才能创造崭新的天地，才能不断推进人类文明向前发展，才能从必然王国走向自由王国。

但是，我们生存世界的奥秘，几乎是无穷无尽，从太空到地球，从宇宙到海洋，真是无奇不有，怪事迭起，奥妙无穷，神秘莫测，许许多多的难解之谜简直不可思议，使我们对自己的生命现象和生存环境捉摸不透。破解这些谜团，有助于我们人类社会向更高层次不断迈进。

其实，宇宙世界的丰富多彩与无限魅力就在于那许许多多的难解之谜，使我们不得不密切关注和发出疑问。我们总是不断去认识它、探索它。虽然今天科学技术的发展日新月异，达到了很高程度，但对于那些奥秘还是难以圆满解答。尽管经过许许多多科学先驱不断奋斗，一个个奥秘不断解开，并推进了科学技术大发展，但随之又发现了许多新的奥秘，又不得不向新的问题发起挑战。

宇宙世界是无限的，科学探索也是无限的，我们只有不断拓展更加广阔的生存空间，破解更多奥秘现象，才能使之造福于我们人类，人类社会才能不断获得发展。

为了普及科学知识，激励广大青少年认识和探索宇宙世界的无穷奥妙，根据最新研究成果，特别编辑了这套《学科学魅力大探索》，主要包括真相研究、破译密码、科学成果、科技历史、地理发现等内容，具有很强系统性、科学性、可读性和新奇性。

本套作品知识全面、内容精炼、图文并茂，形象生动，能够培养我们的科学兴趣和爱好，达到普及科学知识的目的，具有很强的可读性、启发性和知识性，是我们广大青少年读者了解科技、增长知识、开阔视野、提高素质、激发探索和启迪智慧的良好科普读物。

目 录

马耳他地下洞穴探秘

1902年的一天，在繁荣兴旺的马耳他岛佩奥拉镇，一群建筑工人正在一家原来开食物店的旧址上开凿岩石，建造蓄水库，突然脚下的岩石凿空了，下面出现一个大洞，他们探头一看，发现这竟然是一个凿通硬石灰岩而建成的宏伟地下室。

起初，工人利用石洞来堆放碎石废泥或者垃圾。但有一个工人认为这个洞穴不比寻常，并非自然形成，而是人工凿成的石室，于是他们将这个发现向当地的考古学家报告了。

考古学家得到消息后，立即赶赴现场进行勘察。他们搬走所有垃圾和泥石，发现地下竟然埋藏着地中海区域宏伟庞大的地下建筑遗迹。这个地下建筑遗迹里面的石室众多，就犹如一座地下迷宫。

石室最深处距离地面10米，它们一间一间地连通，上下共有3层，上下交错、多层重叠。里面有一些进出洞口和奇妙的小房间，旁边还有一些大小不等的壁孔。中央大厅耸立着直接由巨大的石料凿成的大圆柱、小支柱，支撑着半圆形的屋顶。

整个建筑线条清晰、棱角分明，甚至那些粗大的石架也不例外，没有发现用石头镶嵌补漏的地方。它的石柱、屋顶风格与马耳他其他许多古墓、庙宇如出一辙，但别的庙宇都建在地上，这座建筑却深藏于地下的石灰岩中。

考古学家面对这惊人的发现，一时不知道给这个新发现起个什么名字，后来，一个学者只得引用希腊文中“地窖”一词给其

命名，意思就是地下建筑。

考古学家在地窖范围内往下发掘时，又发现里面埋藏着7000具骸骨。

这地窖到底有什么作用，又是什么时代筑成的？

地窖筑成的年代比起地窖的作用，较容易获得解答。当地与此建筑风格相近的其他庙宇，多建于公元前2400年前后，其时岛上的石器时代居民豪兴一发，筑成不少宏伟的庙宇。岛民以牛角或鹿角所制的凿子和楔子，用石槌敲进岩石以进行开凿，他们用过的两把石槌及做精工细活时用的隧石和黑曜岩工具，都被发掘了出来。

这座地下建筑到底是庙宇还是坟墓？在生产力极其落后的石器时代，马耳他的岛民为何耗费如此巨大的精力来建造这座庞大的地下建筑？

有人认为它是一座地下庙宇。在这座地下建筑中，有一个奇妙的石室，人们称之为“神谕室”。在“神谕室”的石室里，有一堵墙壁被削去一块，后面是状似壁龛、仅容一人的石窟。一个人坐进去照平常一样说话，声音可以传遍整个石室，并且完全没有失真。但女人说话不能产生同样的效果。

考古学家发现，石室靠近顶处，沿四周墙壁凿了一道脊壁，女人声音就沿这条脊壁向四处传播。设计石室的人显然知道这个设计能产生特殊传声效果。

因为发现了这回声室，考古学家便认为这座地窖是在宗教方面有特殊用途的建筑，这石室说不定是祭司的传谕所。祭司虽然是男性，但是崇拜的对象大概是个女神。

因为考古学家在地窖发现两尊女人卧像，都是侧身躺卧，另外发现几尊特别肥大，也许以孕妇为蓝本的侧卧像。这些证据显

示地窖可能是个崇拜女性的地方。

然而，这座建筑真的就是一座地下庙宇吗？考古学家自从在一个宽度不足12米的小石室里发现埋藏有7000具骸骨后，就对此产生了怀疑。

室内骨殖散落，骸骨并非一具具完整的骷髅，说明那是以一种移葬方法集中到室内的，这种埋葬方式，原始民族中很普遍。所谓移葬是初次土葬后若干年，尸体腐烂，成了骷髅，捡拾骨殖移到别处重新埋葬。

难道这座庙宇是供人礼拜之地，也是供死者安息之处吗?马耳他岛上这些早期居民的宗教包括崇拜死者吗?

没有人知道这座庙宇是在后期变为墓地的，还是初建时就具

有两种用途。许多屹立在地上的庙宇是模仿早期石墓建造的，反之，也许这就是一座仿效地上庙宇模式兴建的坟墓。至于马耳他岛上这个举世无双的地下建筑到底为什么兴建，大概永远是个不解之谜。

延伸阅读

马耳他岛的面积很小，仅246平方千米。但在这样一个小岛上，从1902年开始，人们却发现了30多处巨石神庙的遗址。其中一座名为“蒙娜亚德拉”的一座神庙，被认为是一座相当准确的太阳钟。

阿尔塔米拉洞穴考证

阿尔塔米拉洞穴遗址位于西班牙北部桑坦德西面约30千米的地方。1875年，一个名叫索特乌拉的工程师到这里收集化石，发现了许多动物的骨骼和燧石工具，但并没有发现其中的壁画。

时隔4年后，索特乌拉再次来到这里，并把他4岁的小女孩玛丽娅带在身边。据说玛丽娅因对父亲的工作不感兴趣而独自爬进了一个小洞口，因为洞内黑暗，她点亮了一支蜡烛。这时候，她突然看见一头公牛，眼睛直瞪瞪地望着她，顿时把她吓得大哭。

索特乌拉爬进去看时，只见洞壁上面的公牛和其他动物栩栩

如生，不禁惊讶异常。于是，闻名世界的阿尔塔米拉洞穴壁画就这样被发现了。

阿尔塔米拉洞穴是一个很大的洞穴，其长度大约300多米，索特乌拉所发现的壁画绘制在洞穴的顶部，壁画12多米长，6米多宽，上面绘有各种动物的形象。

整个画面线条活泼、色彩鲜艳，而且布局合理、疏密有致，所画的动物有奔跑的、有长嘶怒吼的、有受了伤半躺着的。这些动物形象逼真，呼之欲出。

发现这幅大壁画以后，索特乌拉随即从马德大学请了一名地质学教授来帮助考证。这位地质学家断定此为原始人类的壁画，于是，索特乌拉历尽艰辛，把这幅大壁画全部复制下来，并交给里斯本一个国际性学术组织。

但是，当时西班牙学术界对此发现持怀疑态度，他们认为原

始人不可能具有如此惊人的艺术成就。有人说是索特乌拉为了沽名钓誉，或者为金钱所迷而雇佣当时的画家伪作的。

1888年和1893年，索特乌拉和那位地质学教授相继去世，但他们所发现的这幅大壁画仍然未被世人承认。1902年，经考古新方法审定，这幅壁画是30000年前的作品。

现代考古成果表明，凡是人类曾居住过的洞穴遗址绝大部分都有原始壁画的痕迹。然而，我们从现在世界各地的洞穴遗址看，原始人类的艺术成就是十分低下的，它既幼稚又朴拙，大多是线条呆板，比例不当。

即使在几千年前的洞穴壁画中，原始人类的绘画水平同样是十分低劣的。而阿尔塔米拉洞穴壁画造型准确，线条生动流畅，所绘画的各种动物栩栩如生，十分逼真，使人难以相信是30000年前的作品。难怪在考古新方法测定之前，西方学术界认为是近代人伪作。

这些洞穴壁画的年代虽然确定了，但问题并未解决，30000年前居住在阿尔塔拉洞穴的原始居民怎么能够创造出如此惊人的艺术成就？这个谜底等待着人们去揭开。

延伸阅读

桑坦德位于西班牙北部港市，桑坦德省首府。临比斯开湾，位于马约尔岬之南。濒临卡达布连海，有“西班牙知识和文化界的夏都”之称。市郊的欧洲山和阿尔托·坎波奥山终年积雪，阿尔塔拉洞窟壁画和胡育山洞的神庙等史前人类艺术遗迹就坐落在这里。

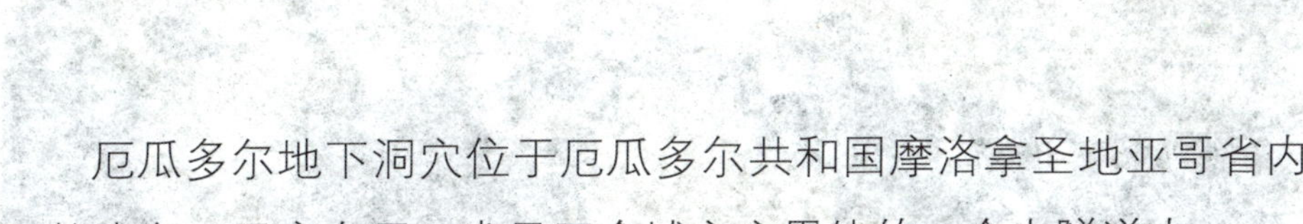

厄瓜多尔藏宝洞探险

厄瓜多尔地下洞穴位于厄瓜多尔共和国摩洛拿圣地亚哥省内厄拉吉尔、圣安东尼、尤贝三个城市交界处的一个大隧道内。

多年来，当地流传着一个神秘的传说，说这个大隧道内隐藏着价值惊人的财宝。1972年3月4日，由厄瓜多尔考古学家法兰士和马狄维组成的科学调查小组，在考古学家、调查小组组长莫里斯的带领下，对大隧道展开了调查。

傍晚，调查队员钻进了神秘莫测的地下洞穴。进洞后是一段

狭长的通道，伸手不见五指，他们开亮电筒和头盔上的射灯。接着隧道便垂直往下，他们把一条绳子垂到下面75米的第一平台上，然后沿绳而下。

接着，他们又沿绳垂直下到第二平台和第三平台，每个平台的高度都达75米。下到洞底，莫里斯领头摸索前进，法兰士注意到，隧道的转角处都呈直角的严谨设计，所有洞壁都很光滑，洞底非常平坦，很多地方像涂了一种发光涂料。

很显然，这隧道并非天然形成的。法兰士试图用罗盘测量这些通道的方向，但罗盘却莫名其妙地失灵了。莫里斯解释道："这里有辐射，所以罗盘失灵。"在其中一条通道的入口处，有一副骸骨精心摆放在地上，上面洒满金粉，在调查队员的灯光照射下闪闪发光。

莫里斯和法兰士以及马狄维发现了很多意外的东西。洞里出

奇的静，只有脚步声、呼吸声以及雀鸟飞过的声音，他们目瞪口呆地发现，他们正站在一个巨大厅堂的中央。

这个大厅的面积约为140米×150米，大厅中央有一张桌子，桌子的右边放有7把椅子。这些椅子既不像用石头、木材做的，也不像用金属做的，它摸上去好像是一种塑胶，但却坚硬、沉重得像钢。在7把椅子后面，毫无规律地摆放着许多动物模型，有蜥蜴、象、狮子、鳄鱼、豹、猴子、野牛、狼、蜗牛和螃蟹。最令人惊异的是这些动物都是用纯金做成的。在桌子的左边则摆放着金属牌匾及金属箔，金属箔仅几毫米厚，0.65米高，0.18米宽。

法兰士经过仔细检查，仍无法知道这些牌匾在制造时使用过什么原料，因为那些金属箔看起来很薄并且脆弱，但竖起来却不弯曲。它们像一本对开本的书籍那样摆放着，一页连着一页，每块金属箔上都井井有条地排满像用机械压上去的文字。

法兰士估计金属箔至少有两三千块，在这些金属牌匾上的字体无人知晓。他认为，这间金属图书馆的创立者肯定想把一些重要的资料留传给遥远的未来，使其永垂不朽。

莫里斯在大厅找到一个0.114米高，0.064米宽的石刻，正面刻着一个六角形身躯、圆形头的人，他右手握着一个半月，左手则拿着太阳。令人惊奇的是，这个石人的双脚竟站在一个地球仪上。这石刻约在公元前9000年至公元前4000年做成，这说明那时的先民便知地球是圆形的。

法兰士认为这个隧道系统在旧石器时代已经存在。他拿起一块刻着一头动物的石刻，它有0.29米高，0.5米宽，画面上所表现的动物有着庞大的身躯，正用它粗大的后腿在地上爬行。法兰士认为石刻画的是一条恐龙，难道有人曾经见过恐龙?

还有一块神秘石刻，刻画的是一具男人骨骼。法兰士仔细数了一下，感到很吃惊，这石刻人的肋骨数竟为12对，是如此的准确。莫里斯又让法兰士看了一个庙宇的模型，上面绘有几个黑脸孔的人像，头戴帽子，手持一种枪形的东西。

在庙宇的圆顶上，还绘有一些人像在空中翱翔或飘浮着，令法兰士惊异的是这个庙宇的模型，可能是圆顶建筑最古老的样本。此外，一些穿太空服的人像，更是让法兰士觉得不可思议。

一个有着球状鼻子的石刻人跪在一根石柱下，他头戴一顶遮耳头盔，极像现在我们用的听筒，一对直径0.05米的耳环则贴在头盔前面，耳环上钻有15个小洞。一条链子围住他的脖子，链子上有个圆形牌子，上面也有许多小孔，很像现在的电话键盘。这个隧道和它里面收藏着的稀世奇珍，可以说是见所未见。那些1.8米高的石像有的有3个脑袋，有的却是7个头颅；三角形的牌匾上刻着不为人知的文字；一些骰子的6个面上刻着一些几何图形。没有人知道这个隧道系统是谁建造的，也没人知道这些稀世奇珍是谁遗留下来的。

带着巨大的疑问，调查队沿原路退出洞穴，又赶往位于厄瓜多尔古安加的玛利亚教堂，因为基利斯贝神父收藏着许多来自隧道的珍宝。法兰士注意到一块金板，0.52米高，0.13米宽，0.013米厚，上面有56个方格，每一格都刻有一个不同的人像。

法兰士在隧道的金属图书馆里的那块金箔上，曾见过一模一样的人像。看来，制造者似乎要用这56个符号或字母组成一篇文章。最令人吃惊的是一个纯金制成的女人像，她的头像两个三角形，背后焊接着一对细小的翅膀，一条螺旋形金线从她耳朵里伸出来。

她有着健康、发育完美的胸部，两脚跨立，但无两支手臂，穿着一条长裤，一个球形物浮立在她的头顶上面。法兰士感到她两边的星星透露出她来自何处，那是一颗陨落了的星球吗？她就是从那颗星球来的吗？

接着，马狄维又看到一只直径0.21米的铜饼，上面图案清晰，刻着两条栩栩如生的精虫，两个笑着的太阳，一个愁眉苦脸的半月，一颗巨大的星星和两张男性三角形脸孔。铜饼中央有许多细小而突出的圆状物，其含义没人能理解。

基利斯贝神父收藏的大量金属箔上面均刻有星星、月亮、太阳和蛇。

其中一块金箔的中央刻有一个金字塔，两边各刻有一条蛇，上面有两个太阳，下面是两个航天员似的人物及两只像羊的动物，金字塔里面是许多带点圆圈。

在另一块刻有金字塔的金属箔上，两只美洲豹分别趴在金字塔两边，金字塔底刻着文字，两边可以见到两头大象。据说，大象在12000年前即在南美出现，那时地球上还没有产生文明。

最让法兰士震惊的是，他在基利斯贝神父这里见到了第三架史前黄金飞机模型。他看到的第一架是在哥伦比亚的保华达博物馆见到的，第二架则仍放在大隧道里。多年来，一些考古学家把飞机模型看成是宗教上的装饰品。

纽约航空机械学院的阿瑟·普斯里博士经检试认为，把这架

飞机模型看成代表一条鱼或一只鸟显然站不住脚。从模型几何形的翅膀、流线型的机头及有防风玻璃的驾驶舱看，很像美国的B-52轰炸机，它确是架飞机的模型。

难道史前便有人能够构想出一架飞机的模型？一切都无定论，一切都是谜团。迄今为止，人们仍无法确定或找出这隧道究竟是谁建造的，而在隧道里面，又存放着那么多无从稽考的珍品，这一切都等待着后来人去探索。

延伸阅读

1898年，在埃及一座4000多年前的古墓里发现了一个与现代飞机极为相似的模型。这个模型是用小无花果树木制成的，有31.5克重。后来在埃及其他一些地方，又陆续找到了14架这类飞机模型。

血腥的丹漠洞穴故事

爱尔兰的基尔肯尼郡是一个风光旖旎的地方，也是爱尔兰最重要的旅游城市之一。每年都有数以万计的游客来到基尔肯尼，他们必定参观的地方是丹漠洞遗址。

丹漠洞被称为爱尔兰最黑暗的地方，因为这个洞穴记录了一次惨无人道的大屠杀。928年，挪威海盗来到爱尔兰，对基尔肯尼

附近一带进行洗劫。当时居住在丹漠洞附近的居民为了逃命，在海盗袭来的前几个小时集体躲到洞中。

丹漠洞是一个巨大的溶洞，洞里地形复杂，有连串的小洞穴一一相连，避难的人认为这是绝佳的藏身之地。他们幻想海盗抢完能抢的东西后就会离开。

然而丹漠洞的入口太过明显，海盗很快发现了洞中藏人的秘密，一场血腥的大屠杀开始了。海盗进入洞里，把所有发现的人都杀死，估计有1000多人，然后守在洞口半个月，没有当场被杀死的人后来都因感染而死或者饿死了。

在之后将近1000年的时间里，丹漠洞成了爱尔兰的“地狱入口”，再没有一个人敢进入洞中。

直至1940年，一群考古学家对丹漠洞进行考察，仅仅在一个小洞穴里就发现44具骸骨，多半是妇女和老人的，甚至还有未出

世的胎儿的骨骼。骸骨证实了丹漠洞曾经的悲剧，1973年这里被定为爱尔兰国家博物馆，每年迎接无数游客前来纪念那些惨遭屠杀的人。

然而，丹漠洞的故事到这里还没有结束。1999年，一个导游的偶然发现证实，这里不仅是黑暗历史的纪念馆，沉默的洞穴中还隐藏了永恒的宝藏。

1999年冬天，一个导游准备打扫卫生，因为寒冷冬季是旅游淡季，丹漠洞将关闭一段时间。他准备仔细清理游客留下的垃圾，所以去了很多平时根本不会去的洞穴。

在一个离主路很远的小洞里，导游突然看到一块绿色的“纸片”粘在洞壁上，他以为那是一张废纸。走上前去，赫然发现那根本不是什么纸片，而是什么东西从洞壁的狭缝中发出闪闪绿光。导游用手指往外抠，结果抠出一个镶嵌着绿宝石的银镯子！

诚实的导游马上将发现报告政府，在接下来的3个月里，爱尔兰国家博物馆的工作人员从那个狭缝中挖出了几千枚古钱币，一些银条、金条和首饰，另外还有几百枚银制纽扣。

这些东西应该是当时躲藏的人随身携带的，也许为了让财物更安全，他们把值钱的东西集中然后藏在一个隐蔽小洞里，甚至把衣服上的银纽扣都解了下来。海盗之所以屠杀所有的人，也许和没能发现这些财宝有关。

由于在潮湿的洞里待了1000多年，挖出来的东西都失去了金属原有的夺目光彩。国家博物馆的几十个专家工作了几个月才让所有艺术品和钱币重现光彩。

考古人员说，有一些工艺品和纽扣的样式十分古怪，在所有和海盗有关的文物中都是独一无二的。在丹漠洞中被杀害的人现在可以安息了，他们为之丧命的财宝现在成了爱尔兰的国宝，将永远聆听世人的惊叹和赞美。

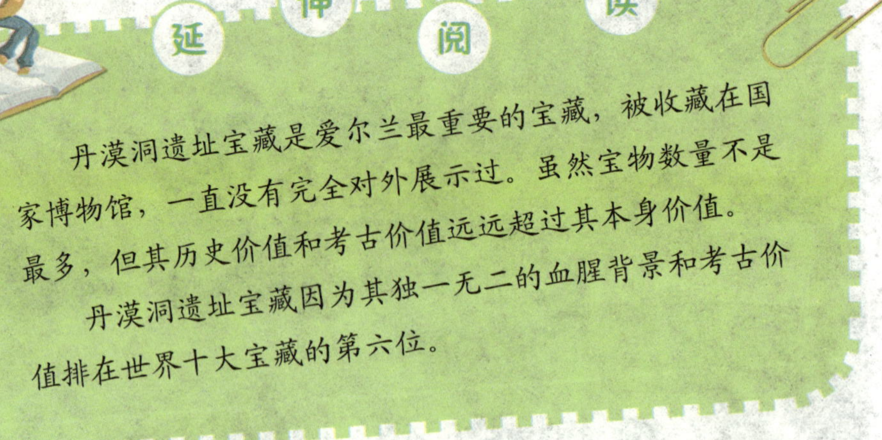

延伸阅读

丹漠洞遗址宝藏是爱尔兰最重要的宝藏，被收藏在国家博物馆，一直没有完全对外展示过。虽然宝物数量不是最多，但其历史价值和考古价值远远超过其本身价值。

丹漠洞遗址宝藏因为其独一无二的血腥背景和考古价值排在世界十大宝藏的第六位。

神秘的希腊海底洞穴

在希腊亚各斯古城的海滨，存在着这样一个奇怪的洞穴。由于濒临大海，在涨潮时，汹涌的海水便会排山倒海般地涌入这个洞中，形成一股湍湍的急流。

据测，每天流入洞内的海水量达30000多吨。奇怪的是，如此大量的海水灌入洞中，却从来没有把洞穴灌满过。

于是曾有人怀疑，难道这个海上洞穴是个无底洞，就像石灰岩地区的漏斗、竖井、落水洞一类的陆地地形一样?

事实上，地球是由地壳、地幔和地核三层组成。因此无底洞是不可能存在的。我们所看到的各种山洞、裂口、裂缝，甚至火山口，也都只是地壳浅部的一种现象。然而我国一些古籍，却多次提到地球上有个深不可测的无底洞，如《山海经·大荒东经》记载："东海之外有大壑"。

《列子·汤问》记载道：

渤海之东，不知几亿万里，有大壑焉，实惟无底之谷，其下无底，名曰归墟。八紘九野之水，天汉之流，莫不注之，而无增无减焉。

在小说《西游记》中，孙悟空也曾经三探无底洞。当然，这些都无足为凭。那么，现实中，地球上就真的没有无底洞吗？

从20世纪30年代以来，科学家为了否定这个结论，做了多种努力，却都是白费功夫。

为了揭开这个秘密，1958年美国地理学会派出一支考察队。他们把一种经久不变的带色染料溶解在海水中，观察染料随着海水一起流入洞里。接着他们又察看了附近海面，以及岛上的河、湖，满怀希望地去寻找这种带颜色的水，结果令人失望。

但这并不能表明无底洞没有出口，也许是海水量太大，把有色水稀释得太淡，以致无法发现？

几年后他们又进行新的试验，企图寻找它的出口。他们制造了一种浅玫瑰

色的塑料小颗粒,这是一种比水略轻，能浮在水中不沉底，又不会被水溶解的塑料粒子。他们把130千克重的这种肩负特殊使命的物质，统统掷入到打旋的海水里。

片刻工夫，所有的小塑料粒子就像一个整体，全部被无底洞吞没。他们设想，只要有一粒在别的地方冒出来，就可以找到无底洞的出口了。

然而，发动了数以百计的人，在各地水域整整搜寻了一年多，但仍一无所获。

无独有偶，在印度洋北部海域，人们也发现了一个这样的无

底洞。这个洞穴在地处北纬5°13′、东经69°27′的地方，半径达5.6千米。

这里的洋流属于典型的季风洋流，受热带季风影响，一年有两次流向相反变化的洋流。夏季盛行西南季风，海水由西向东顺时针流动；冬季则刚好相反。“无底洞”海域则不受这些变化的影响，几乎呈无洋流的静止状态。

1992年8月，装备有先进探测仪器的澳大利亚哥伦布号科学考察船在印度洋北部海域进行科学考察，科学家认为“无底洞”可能是个尚未认识的海洋“黑洞”。

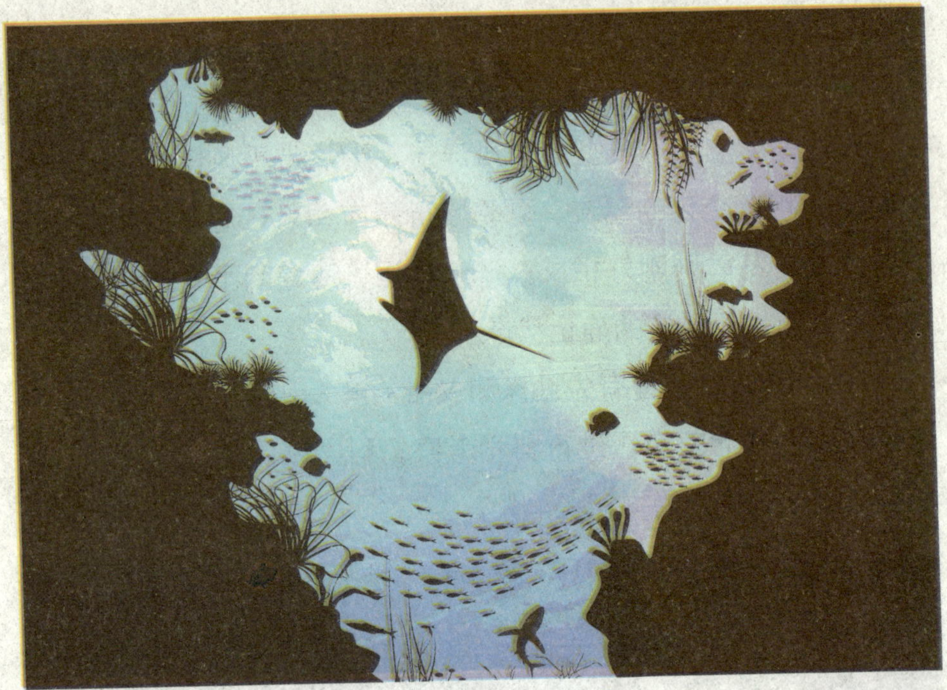

根据海水振动频率低且波长较长来看，“黑洞”可能存在着一个由中心向外辐射的巨大的引力场，但这只是猜测，还有待于进一步进行科学考察。

延伸阅读

四川无底洞：我国四川省兴文县的石海洞乡，就有这样的一个大漏斗。它的长径650米，短径490米，深208米。无论是暴雨倾盆，还是山水聚至，其底部始终不积水。

底洞。这个洞穴在地处北纬5°13′、东经69°27′的地方，半径达5.6千米。

这里的洋流属于典型的季风洋流，受热带季风影响，一年有两次流向相反变化的洋流。夏季盛行西南季风，海水由西向东顺时针流动；冬季则刚好相反。“无底洞”海域则不受这些变化的影响，几乎呈无洋流的静止状态。

1992年8月，装备有先进探测仪器的澳大利亚哥伦布号科学考察船在印度洋北部海域进行科学考察，科学家认为“无底洞”可能是个尚未认识的海洋“黑洞”。

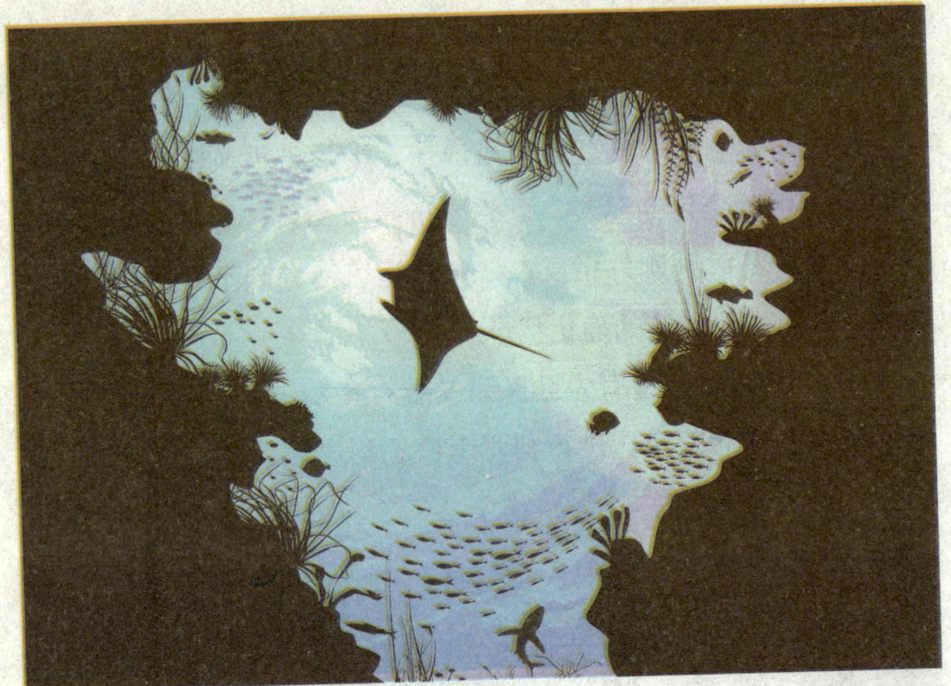

根据海水振动频率低且波长较长来看，“黑洞”可能存在着一个由中心向外辐射的巨大的引力场，但这只是猜测，还有待于进一步进行科学考察。

延伸阅读

四川无底洞：我国四川省兴文县的石海洞乡，就有这样的一个大漏斗。它的长径650米，短径490米，深208米。无论是暴雨倾盆，还是山水聚至，其底部始终不积水。

绚丽多姿的石花洞

石花洞地处北京房山区西山深处南车营村，因洞体深奥神秘又称“潜真洞”，又因洞内生有绚丽多姿奇妙异常的各种各样石花又称“石花洞”。

石花洞形成于7000万年前的造山运动。目前已发现此洞有7层，而且层层相连，洞洞相通。其规模与景观大于桂林的芦笛岩与七星岩，洞内钟乳石千姿百态，美不胜收，为北国极为罕见的

地下溶洞奇观。

经中外洞穴专家考查，石花洞内的岩溶沉积物数量为我国之最，其美学价值和科研价值也可居世界洞穴前列，与闻名中外的桂林芦笛岩、福建玉华洞、杭州瑶琳洞并称我国四大岩溶洞穴。

石花洞洞体分为上下7层 ，目前仅对外开放1层至4层。4层洞壁被钟乳石类封闭，5层厅堂高大、洞壁松软，并且空气新鲜，7层则是一条地下暗河。

石花洞内的自然景观玲珑剔透、花彩多姿、类型繁多、有滴水、流水和停滞水沉积而成的高大洁白的石笋、石竹、石钟乳、石幔、石瀑布、边槽、石坝、石梯田等和渗透水、飞溅水、毛细水沉积形成的众多石花、石枝、卷曲石、晶花、石毛、石菊、石珍珠、石葡萄等。还有许多自然形成的造型，如海龟护宝等，并

有晶莹的鹅管、珍珠宝塔、采光壁等，众多的五彩石旗和美丽的石盾为我国洞穴沉积物的典型，大量月奶石莲花在我国洞穴中首次发现。

石花洞各个景区遥相呼应，互为映衬。“瑶池石莲”已有32000余年的历史；“龙宫竖琴”堪称国内洞穴第一幔；“银旗幔卷”、“洞天三柱”等12个大洞穴奇观无不令人赞叹叫绝。

岩溶洞穴资源以独特的典型性、多样性、自然性、完整性和稀有性享誉国内外。丰富的地质资源，显示了石花洞在地质科学研究、地质科普教学和旅游观赏中的价值。

石花洞中洞穴沉积物记录了地球的演化历程和沉积环境的变化，是一处研究古地质环境变化的重要信息库。

石花洞石笋见证了北京2600多年夏季气候变迁。大约在四亿年前，北京地区曾是一片汪洋大海，海底沉积了大量的碳酸盐类物质，由于地壳运动，几经沧桑变迁，海底上升陆地。

大约在7000万年前，华北发生了造山运动，北京西山就此形成。而后碳酸盐逐渐被溶蚀成许多岩溶洞穴，石花洞就是其中之一。石花洞发育在地质年代的奥陶系马家沟组石灰岩中，随着地壳运动的多次抬升与相对稳定之过程，使之发育为多层多支溶洞。

1446年4月，僧人圆广云游时发现此洞，命名“潜真洞”，并在洞口对面的石崖上镌刻“地藏十王像”。

后来，僧人圆广又命石匠雕刻十王教主“地藏王菩萨”佛像，安座第一洞室，并命名为“十佛洞”。因洞内石花集锦，千

姿百态，玲珑剔透，现称“石花洞”。

石花洞中最著名的云水洞位于距北京西南的上方山上，素有“幽燕奥室”之称。洞中有山峰12座，“中天之柱”是其中的最高峰，也称“摘星坨”。石花洞另有6个洞室，第二厅中竖立的一根石笋，高达38米，居亚洲第一，世界第三，被誉为“擎天柱”。石花洞中其他主要景点还有骆驼峰、云梯等。

云水洞骆驼峰由山峰自然形成，宛若一匹巨驼，四蹄没于苍林翠壑，双驼摩云，仿佛神物，观看驼峰每每令人感叹大自然造化的神奇。

云梯始建于金代，曾在明永乐、弘治、万历年间三次重修。云梯依壁随

岩，阶阶而上，共有262级。踏级而升，仿佛直入云霄，故得名“云梯”。云水洞是我国北方最大的溶洞，为京郊著名山水佛教游览胜地。

延伸阅读

第二洞厅的“擎天柱”巨型石笋，除了夺取了全国“石笋之冠”的美誉外，还有一种令人称道的演奏功能。在石笋两侧，有一排厚薄和长短各异的石钟乳，可敲打演奏出许多优美动听的乐曲，中央人民广播电台曾现场录音并向全世界播放它演奏的乐曲。

地下“魔宫”黄龙洞

黄龙洞又称黄龙泉，位于湖南省张家界市核心景区武陵源风景名胜区内索溪峪自然保护区东部，索溪峪镇东7千米的一座山腰上，距离张家界市城区及张家界荷花机场、张家界火车站、张家界市中心汽车站36千米。黄龙洞是张家界武陵源风景名胜中著名的溶洞景点，因享有“世界溶洞奇观”“世界溶洞全能冠军”“中国最美旅游溶洞”等顶级荣誉而名震全球。

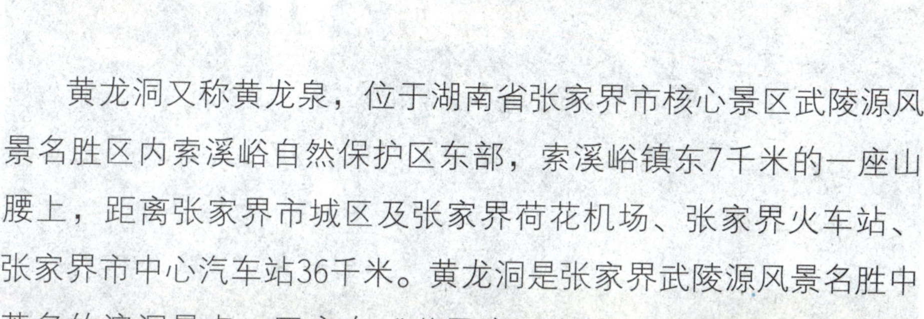

黄龙洞规模之大、内容之全、景色之美，包含了溶洞学的所有内容。现已探明洞底总面积10万平方米，全长7500米，垂直高度140米，内分两层旱洞两层水洞。整个溶洞犹如一株古木错节盘根，仿佛一座神奇的地下“魔宫”。

据专家考证，黄龙洞属典型的喀斯特岩溶地貌。大约3.8亿年前，黄龙洞地区是一片汪洋大海，沉积了可溶性强的石灰岩和白云岩地层，经过漫长年代开始孕育洞穴，直到6500万年前地壳抬升，出现了干溶洞，然后经岩溶和水流作用，便形成了今日的地下奇观。

黄龙洞以立体的洞穴结构，宽阔的龙宫厅及数以万计的石笋，高大的洞穴瀑布，水陆兼备的游览线等优势构成了国内外颇

有特色的游览洞穴，洞内有1库、2河、3潭、4瀑、13大厅、98廊，以及几十座山峰，上千个白玉池和近万根石笋。

由石灰质溶液凝结而成的石钟乳、石笋、石柱、石花、石幔、石枝、石管、石珍珠、石珊瑚等遍布其中，无所不奇，无奇不有。黄龙洞现已开放有龙舞厅、响水河、天仙瀑、天柱街、龙宫等6大游览区，主要景观有定海神针、万年雪松、龙王宝座、火箭升空、花果山、天仙瀑布、海螺吹天、双门迎宾、沧海桑田、黄土高坡等100多个。

进入黄龙洞的第一个大厅叫龙舞厅，这个大厅是黄龙洞13个大厅中面积最小的一个厅，面积约6000平方米。里面石笋林立的

地方就是龙舞台，相传是龙王爷跳舞的地方。有趣的是在旁边的峭壁上还有一个华丽的包厢，据传是龙王爷的小女儿和她的心上人正在那里约会呢。

走过龙舞厅，两根黄白颜色的石笋出现眼前，传说这是龙王爷打仗时用的兵器“金戈银枪”。在右边金戈的顶端还有一个观音菩萨，下面还有一群石猴正在向上攀沿，这就是著名的“群猴拜观音”景点。它的形成是因为洞顶滴水错位，改变方向的结果。在这里可以听见哗哗的流水声了，这就是黄龙洞响水河名称的由来。

响水河全长2820米，平均水深6米，最深有12米，水温保持在16℃。响水河河道曲折，空谷幽邃，水深悠远，岸危穹高，忽仰

忽倾，若明若暗，凝目高远处则是朦朦胧胧，恍若回到混沌如初的远古时代，充满着神秘诱惑……响水河沿途有很多神奇的洞中景观，如龙王金盔、海贝浮空、海螺吹天、隐龙峡、插香台、天仙桥等。

乘船涉过响水河，就是天仙宫景区，天仙宫是黄龙洞内最宽的一个厅，其南北宽达96米，东西长105米。右边有一片巨大的石瀑布群，其南北宽62米，东西宽105米，落差达40米，是国内目前已开发的游览洞穴中规模最大的石瀑布群。

它是洞顶滴水产生的片状水流在洞底流动过程中所形成的次生碳酸钙沉积。由于洞顶较薄，水中泥质含量较高，所以流石瀑颜色呈黄色，有人给它取了一个形象的名字叫“黄土高坡”。

走过“黄土高坡”，可以看到一片阡陌纵横，如浪起伏的田园风光，就像万倾良田。在溶洞学里，它叫“流石坝”，也叫“酸田”，是流水形成的，流石坝的凸出方向即为当时的水流方向。它的水源就是头顶的“天仙水瀑布”。

天仙水瀑布是黄龙洞内最大的三股泉水，从30米高的蜂窝状的洞顶石窟中如烟似雾的倾泻而下，形成美轮美奂的瀑布奇观。瀑布四季长流不竭，落差达27.3米，真有“飞流直下三千尺，疑是银河落九天”的气势。

花果山景区是黄龙洞内小型滴石较为发育的一个厅堂。滴石是由洞顶的碳酸钙饱和溶液在滴落过程中沉淀而成，其中自洞顶往下长的叫石钟乳，自洞底下往上长的叫石笋，两者相向生长连

在一起就叫石柱，石笋、石钟乳、石柱统称为钟乳石。

跨过洞穴中跨度最大的石拱桥天仙桥，便进入黄龙洞第三层天柱街了。天柱街是天上的街市，是神仙做生意的地方。天柱街以繁华似锦、春意盎然的“天上街市”为中心，西街花果山石柱石花重重叠叠，东街“天堂宫” 穹形洞顶高大幽深。

在天柱街上，有两根连接在一起的钟乳石被地下水溶蚀形成了奇妙的空洞，人们可以从不同的地方敲出奇妙而悦耳的音符。

黄龙洞的最高层第四层高出花果山，天柱街第三层通道16米至30米。这里的大厅是黄龙洞最大的一个厅，被命名为“龙宫大厅”。它也是黄龙洞最先形成和最古老的大厅，还是国内已开放旅游洞穴中石笋最为发育的一个大厅。

"龙宫大厅"底面积14000平方米，洞顶平均高度40米，现存有1705根石笋、石柱，其中高于1米的就有516根，石笋分布密度为0.12根/平方米。整个龙宫气势磅礴、粗犷宏伟，众多石笋似人似物，惟妙惟肖，千姿百态，异彩纷呈，或如飞禽走兽，或如宫廷珍藏，或如巍巍雪松，或如火箭升空……

1992年，世界自然遗产委员会的高级顾问桑塞尔来到龙宫时，曾评价"这是我所见到的溶洞石笋最集中、神态最逼真的地方……黄龙洞不愧为世界溶洞奇观，实在太奇太妙了。"

黄龙洞龙宫主要景点有龙王宝座、火箭基地、海螺藏身、金鸡报晓、万年雪松、后宫、定海神针、回音壁等，而最为著名的要数龙王宝座、万年雪松、定海神针三大奇观了。

“龙王宝座”，是黄龙洞中最大的一根石笋。从形态结构上讲它是由两部分组成的，上部为一粗状石笋，高度12米，底部直径10米，下部基座为底流石斜坡，即石瀑布，落差超过10米，周径约50米。

就成因而言，由于龙王宝座上方洞顶的滴水量较大，大部分滴水就转化为层状水流沿石笋周边及底部斜坡流下，不断加粗其直径并在其底部形成大型流石瀑。尤为奇特的是，在龙王宝座中部有一个巨大的空洞，据说里面可以容纳15人左右。

这根高大的石笋，是滴水及由其产生的飞溅水共同作用下形成的，一般只能在空间较为高大的厅堂才能见得到。这根高大的石笋，就像一棵白雪皑皑的巨松，它的科学名称叫棕榈状石笋，也是滴水及由其产生的飞溅水共同作用下形成的，一般只能在空间较为高大的厅堂见得到。

科学家根据棕榈片样石笋测龄结果，证明它已在这里挺立了10万年，因此又叫它“万年雪松”。

在龙宫里，有一根又高又细的石笋，这就是“定海神针”。其形状十分奇特，它高达19.2米，两端粗，中间细，最细处直径只有10厘米。

“定海神针”生长在崩塌的斜坡上，是黄龙洞最高的一根石

笋，洞穴学家推算它至少需要近20万年的时间才长到这样高。

“定海神针”上端离洞顶还有6米，顶部还有滴水，尚在生长发育之间，估计需要6万年就可以“顶天立地”了。作为黄龙洞的标志性景点，为明示“定海神针”的价值，增强人们的保护意识，黄龙洞景区1998年4月18日在保险公司为其买下一个亿的保险，创下了世界上为资源性资产买保险之先河。

黄龙洞最精华的一个景区是迷宫。迷宫地处黄龙洞最底层，洞内钟乳石种类较多，景观异常集中，洁白晶莹的钟乳石、石笋、石柱、石幔、石花、卷曲石、石珍珠、石珊瑚等玲珑剔透，密密匝匝，不染尘埃，溶洞景观琳琅满目，美不胜收、奥秘无穷，与粗犷宏伟的黄龙洞龙宫相比，迷宫更显精美绮丽。

黄龙洞以立体的洞穴结构，庞大的洞穴空间，宽阔的龙宫厅及数以万计的石笋，高大的洞穴瀑布，水陆兼备的游览线等优势构成了国内外独树一帜的游览洞穴，黄龙洞开放至今，已接待海内外游客800万人，先后接待了诸多著名的政治家、科学家、艺术泰斗、文人墨客等。

1998年，黄龙洞还成功地接待了首位外国元首坦桑尼亚总统姆卡帕。同年，香港特首董建华考察黄龙洞后欣然题词“黄龙奇洞，叹为观止”。2004年泰国公主诗琳通参观考察黄龙洞后曾挥毫“梦幻世界”。

延伸阅读

黄龙洞，又名“无门洞”、“飞龙洞”。进门松篁交翠，山径幽深。主景有池有山，水石交融。山崖上饰一龙头，泉水由龙嘴泻入池中，池中立石，池边有亭有廊，依山傍水，错落有致。尚未进洞，门口的景致已令人怦然心动了。

洞天福地双龙洞

金华双龙洞距浙江省金华市区不远处，坐落在北山南坡，除底层的双龙洞之外，还有中层的冰壶洞和最高层的朝真洞。

双龙洞由内洞、外洞及耳洞组成，洞口轩朗，两侧分悬的钟乳石酷似龙头，故名“双龙洞”。外洞宽敞，可容千人驻足。冬

暖夏凉。炎夏至此，令人有“上山汗如雨，入洞一身凉”之感。

外洞洞壁有众多摩崖石刻，洞口北壁“双龙洞”三字，传为唐人手迹，后人临摹刻撰，南壁“洞天”二字，为宋代书法家吴琳的墨宝。

“三十六洞天”5个大字，则为近代书法家于佑任先生之手笔，最里边石壁上还有“水石奇观”石刻和清代名人探洞游记碑刻，近代合肥游人的“双龙洞”3字石刻，很有趣味，他将“龙”字反刻，寓意双龙洞的两龙头，要站在洞厅内往外反过来看，才能看到它们的真面貌.

外洞有一挂黄色“石瀑”，俨然是古人衣袍，这就是传说的“吕先生藏身”景点，相传八仙之一的吕洞宾曾隐身于此，又有

传说是，有个村姑誓不嫁抢她的财主，被锁困在洞中，吕洞宾就是从这里去营救洞中的村姑的。

靠厅北尽头就是“骆驼仰首”“石蛙窥穴”“雄狮迈步”“金鹞展翅”等景观，特别是洞中的岩溶景观“仙人田”层层叠叠，使人不由产生来到世外的感觉，美不胜收。

内外洞有巨大的双龙洞屏石相隔，仅通水道，长10余米，宽3米多。内外洞的相隔与相通，形成了双龙洞最鲜明的特色。

古诗说“洞中有洞洞中泉，欲觅泉源卧小船”，如欲观赏，唯有平卧小舟，仰面擦崖逆水而入，“千尺横梁压水低，轻舟仰卧人回溪”，不得稍有抬头，有惊而无险，妙趣横生，堪称游览方式之一绝，有“水石奇观”之誉。

内洞略大于外洞，洞内钟乳石、石笋众多，有龙爪、龙尾与

洞外龙头相呼应，造型奇特，布局巧妙，有“黄龙吐水”、“倒挂蝙蝠”、“彩云遮月”、“天马行空”、“海龟探海”、“龟蛇共生”、“青蛙盗仙草”和“寿星与仙桃”等景观，幻化多变，使人目不暇接，宛若置身水晶龙宫。

其他主要景观有“晴雨石”、“仙人挂衣”、“雪山罗汉堂”、“将军腿”、“金华火腿”、“北京烤鸭”、“仙人床”、“倒挂蝙蝠”、“彩云追月”、“天马行空”、“拇指泉”和郁达夫命名的“盆景小瀑布”等多个岩溶景观，琳琅满目，惟妙惟肖。

明代徐霞客根据双龙洞“外有二门，中悬重幄，水陆兼奇，幽明凑异”的独特景观特点和价值，把它列为“金华山八洞”的第一位。

双龙洞最奇趣的是外洞与内洞之间，有一块巨大的岩石覆盖在一流清泉之上，水道宽丈余，岩底仅离水面一尺左右，进出里洞，只得用小船，人直躺在船底，小船从岩底的水面穿引而入。

当穿至岩底中间时，眼前一片漆黑，似乎周围的岩石一齐朝身上挤压过来，岩石几乎擦着鼻子。前进后又豁然开朗，被誉为奇观。

内洞宽敞，岩洞深邃。在小船上岸处，抬头仰望，有一条青色钟乳岩纹自东北洞顶蜿蜒而来，另有一条黄色钟乳石自西北俯冲而至，人们称为“双龙”，龙状清晰可辨，形象逼真。洞内钟乳、石笋奇形怪状，纵横交错。

在石壁的另一头，有一块活的晴天表。这是一块奇怪的大石头，在有雨季节，它会显出青绿色。而干燥炎热的天气，会显出干黄色。

冰壶洞的洞口朝天，俯首下视，寒气袭来，洞不见底，故称“冰壶”。人们可踏着石阶，盘曲通达洞底。冰壶洞内的瀑布从高的洞顶倾泻，瀑声轰隆，震耳欲聋。

朝真洞的洞口向西，前临深壑，背依青峰。洞前眺望，四周群峰挺立，宛若百僧朝圣求真，洞名即由此来。洞中钟乳高悬，石笋遍地，其中一根大石笋形似“观音”，称“观音大士像”。

洞的上方有一“天窗”，透进一束阳光，宛如半月，因为只有一缕阳光，也叫做“一线天”。

洞内有许多石钟乳、石笋，是由石灰质聚集而成的。岩洞中的石灰质溶解在水里，水中的石灰质一点一点地聚集起来，在洞顶逐渐形成冰锥状物体，这就叫石钟乳，也叫钟乳石。

洞顶的水滴落在地上，石灰质也逐渐聚集起来，越积越高，形成直立的笋状柱体，叫石笋。石笋常与石钟乳上下相对，日久天长，有些石钟乳与石笋连接起来，就成为石柱。

石钟乳和石笋都有各种各样的形状。那些顶天立地的“灵芝柱”，就是石笋和石钟乳对接起来之后形成的。

双龙洞有着灿烂悠久的历史文化，文化遗产博大丰厚。东晋

以来就为世人所钟情，唐宋明清几度辉煌，文人墨客慕名而来，李白、王安石、孟浩然、苏轼、李清照等历史名人都曾有佳作，旅行家徐霞客也写下了近5000字的游记。

双龙风景名胜区的文字记载已有2000多年的历史，唐代杜光庭《洞天福地记》称“第三十六洞天金华山”。宋朝名相王安石赞为“横贯东南一道泉”。

双龙风景名胜区所处的金华山算不上险峻奇绝，但由于早在东汉时期道教文化鼎盛，被称为“江东名山”，与“五岳”齐名。尤其是黄初平经东晋道教理论家葛洪写进《神仙传》被尊为黄大仙后，“叱石成羊”的故事广为传播，金华山香火鼎盛，游人络绎不绝，成为名冠江南的道教名山和道教圣地。

延伸阅读

传说，古代婺州连年大旱，民不聊生，青龙和黄龙知道后，就偷来天池水，拯救了百姓。青龙和黄龙因触犯了天条，被王母娘娘用巨石压住脖颈，困在了双龙洞内，但双龙仍然顽强地仰头吐水，清澈泉水至今潺潺不绝。

规模宏大的龙门石窟

龙门石窟是我国三大石窟之一，位于河南省洛阳南郊伊河两岸的龙门山与香山上，开凿于493年，即北魏孝文帝迁都洛阳之际，之后历经东魏、西魏、北齐、隋、唐、五代、宋等朝代400余年的营造，从而形成了众多的石窟遗存。

龙门因山清水秀，环境清幽，气候宜人，被列入了洛阳八大景之冠。唐代大诗人白居易曾说："洛都四郊，山水之胜，龙门首焉。"

此处又因石质优良，宜于雕刻，故而古人择此而建石窟。这里青山绿水、万象生辉，伊河两岸东西山崖壁上的窟龛星罗棋布、密如蜂房。

在龙门的所有洞窟中，北魏洞窟约占30％，唐代占60％，其他朝代仅占10％。龙门石窟中最大的佛像是卢舍那大佛，高17.14米；最小的佛像在莲花洞中，每个只有0.02米，称为微雕。

龙门石窟是北魏、唐代造像最集中的地方，两朝的造像反映出迥然不同的时代风格。

北魏造像，脸部瘦长，双肩瘦削，胸部平直，衣纹的雕刻使用平直刀法，坚劲质朴。

北魏时期人们崇尚以瘦为美，所以，佛雕造像也追求秀骨清像式的艺术风格；而唐代人以胖为美，所以唐代的佛像脸部

浑圆，双肩宽厚，胸部隆起，衣纹的雕刻使用圆刀法，自然流畅。

唐代龙门石窟的重点洞窟中，以规模宏伟、气势磅礴的大卢舍那像龛群雕最为著名。这组雕像，以雍容大度、气宇非凡的卢舍那佛为中心，用一幅极富情态质感的美术群体形象，将佛国世界那种充满了祥和色彩的理想意境表达得淋漓尽致，显示了唐代雕刻艺术的最高成就。

龙门石窟延续时间长，跨越朝代多，以大量的实物形象和文字资料从不同侧面反映了我国古代政治、经济、宗教、文化等许多领域的发展变化，对我国石窟艺术的创新与发展作出了重大贡献。

潜溪寺是龙门西山北端第一个大窟。它高、宽各9米多，进深近7米，大约建于1300多年前的唐代初期。窟顶藻井为一朵浅刻大莲花。主佛阿弥陀佛端坐在须弥台上，面颐丰满，胸部隆起，衣纹斜垂座前，身体各部比例匀称，神情睿智，整个姿态给人以静穆慈祥之感。

主佛左侧为大弟子迦叶，右侧为小弟子阿难。两弟子旁边分

别为观世音菩萨与大势至菩萨。阿弥陀佛与两侧的两位菩萨共称为西方三圣，即掌管西方极乐世界的3位圣人。

宾阳中洞是北魏时期代表性的洞窟，是北魏宣武帝为他父亲孝文帝做功德而建。“宾阳”意为迎接出生的太阳。

宾阳中洞内为马蹄形平面，穹隆顶，中央雕刻重瓣大莲花构成的莲花宝盖，莲花周围是8个伎乐天和两个供养天人。它们衣带飘扬，迎风翱翔在莲花宝盖周围，姿态优美动人。

中洞内为三世佛题材，即过去、现在、未来三世佛。主佛为释迦牟尼，面颊清瘦，脖颈细长，体态修长，衣纹密集，雕刻手

法采用的是北魏的平直刀法。

洞中前壁南北两侧，自上而下有4层精美的浮雕。特别是位于第三层的帝后礼佛图，反映了宫廷的佛事活动，刻画出了佛教徒虔诚、严肃、宁静的心境，造型准确，制作精美，代表了当时生活风俗画的高度发展水平，具有重要的艺术价值和历史价值。

宾阳南洞的洞窟为北魏时期开凿，但洞中几尊主要的佛像都是在初唐完成的。洞中主佛为阿弥陀佛，面相饱满，双肩宽厚，体态丰腴，体现了唐朝以胖为美的风格。

宾阳南洞是唐太宗李世民的第四子魏王李泰在北魏废弃的基础上又续凿而成，为其生母长孙皇后做功德而建，属于过渡时期的作品。

摩崖三佛龛共有7尊造像，其中3尊坐佛，4尊立佛，这种造像组合在我国石窟寺中极为罕见。中间主佛为弥勒，坐于方台座上，头顶破坏，仅雕出轮廓，未经打磨。据佛经记载，弥勒佛是“未来佛”，是作为现在佛释迦牟尼的接班人而出现的。

万佛洞因洞内南北两侧雕有整齐排列的15000尊小佛而得名。这些小佛生动细致，栩栩如生。窟顶有一朵精美的莲花，环绕莲花周围的为一则碑刻题记：

大唐永隆元年十一月三十日成，大监姚神表，内道场智运禅师，一万五千尊像一龛。

题记说明了该洞窟是在宫中大监姚神表和内道场智运禅师的

主持下开凿的，完工于680年。

洞内主佛为阿弥陀佛，端坐于双层莲花座上，面相丰满圆润，两肩宽厚，简洁流畅的衣纹运用了唐代浑圆刀的雕刻手法。主佛施“无畏印”，表示在天地之间无所畏惧，唯我独尊。

主佛端坐在莲花宝座上，在束腰部位雕刻了4位金刚力士，那奋力向上的雄姿与主佛的沉稳形成了鲜明的对比，也更加衬托出主佛的安详。

主佛背后还有52朵莲花，每朵莲花上都端坐有一位供养菩萨，她们或坐或侧，或手持莲花，或窃窃私语，神情各异，像是不同少女的群体像。52朵莲花代表着菩萨从开始修行到最后成

佛的阶位，即十信、十住、十行、十回向、十地、等觉和妙觉。

莲花洞因窟顶雕有一朵高浮雕的大莲花而得名，开凿于北魏年间。莲花是佛教象征的名物，意为出污泥而不染。因此，佛教石窟窟顶多以莲花作为装饰，但像莲花洞窟顶这样硕大精美的高浮雕大莲花，在龙门石窟中是不多见。莲花周围的飞天体态轻盈，细腰长裙，姿态自如。

洞内正壁造一佛二弟子二菩萨，主像为释迦牟尼立像，著褒衣博带式袈裟，衣褶简洁明快。这是释迦牟尼的游说像，即释迦牟尼外出讲经时的形象。

奉先寺是龙门石窟中规模最大、艺术最为精湛的一组摩崖型群雕，因为它隶属于当时的皇家寺院奉先寺而得名。此窟开凿于672年。洞中佛像明显体现了唐代佛像艺术特点，面形丰肥、两耳下垂，形态圆满、安详、温存、亲切，极为动人。

奉先寺里共有9尊大像，中间主佛为卢舍那大佛，为释迦牟尼的报身佛。据佛经说，卢舍那意即光明遍照。佛像面部丰满圆

润，头顶为波状形的发纹，双眉弯如新月，附着一双秀目，微微凝视着下方。高直的鼻梁，小小的嘴巴，露出祥和的笑意。

古阳洞在龙门山的南段，开凿于493年，是龙门石窟造像群中开凿最早、佛教内容最丰富、书法艺术最高的一个洞窟。古阳洞规模宏伟、气势壮观。

洞中北壁刻有楷体“古阳洞”3个字，至清末光绪年间，道教徒将主像释迦牟尼涂改成太上老君的形象，讹传老子曾在这儿炼丹，所以古阳洞又叫老君洞。

古阳洞是由一个天然的石灰岩溶洞开凿成的，窟顶无莲花藻井，地面呈马蹄形。主像释迦牟尼，着双领下垂式袈裟，面容清瘦，眼含笑意，安详地端坐在方台上。

古阳洞大小佛龛多达数百，雕造装饰十分华丽，特别是表现在龛的外形、龛楣和龛额的设计上，丰富多彩，变化多端。

有的是莲瓣似的尖拱、有的是屋形的建筑、有的是帷幔和流苏，并且在龛楣上雕造有佛传故事，如步步生莲讲的是悉达多从他母亲摩耶的右腋下诞生，刚出生，就走了7步，每一步脚印都

生出一朵莲花。

古阳洞是北魏皇室贵族发愿造像最集中的地方。这些达官贵人不惜花费巨资，开凿窟龛，以求广植功德，祈福免灾，而且留下了书法珍品《龙门二十品》。古阳洞中就占有19品，另一品在慈香窑中。

《龙门二十品》的特点是字形端正大方、气势刚健质朴，结体、用笔在汉隶和唐楷之间。

药方洞因窟门刻有诸多唐代药方而得名。它始凿于北魏晚期，经东魏、北齐，至唐初还仍有雕刻。洞中5尊佛像，身躯硬直少曲线，脖子短粗，身体硕壮，菩萨头冠两旁的带子很长，下垂

至胳膊上部。

洞门两侧刻有药方150多种，所用药物多是植物、动物和矿物药。药方涉及内科、外科、小儿科、五官科等，所涉及药材在民间都能找到，很大程度上方便了老百姓。

人们把擂鼓台周围的3个洞叫“擂鼓台三洞”。传说当年奉先寺竣工时，武则天亲自率百官驾临龙门，主持规模盛大的开光仪式，庞大的乐队在这平台上擂鼓助兴，于是后人便把这里叫做擂鼓台。

擂鼓台中洞是擂鼓台三洞中的一个，是一座武周时期禅宗所经营的石窟，我国佛教的禅宗是以专修禅定为主的教派。

“禅定”就是安定而止息杀虑的意思。洞顶作穹隆形，并有装饰华丽的莲花藻井，造像是一佛二菩萨，主佛为双膝下垂而坐的弥勒佛，壁基有25尊高浮雕罗汉群像，从南壁西起至北壁西止。

老龙洞是就着自然山洞开凿而成的，其平面呈长马蹄形，顶部近似穹隆顶。老龙洞是以祈福、求功德为主，所以附带了浓郁的生活气息，为研究初唐的民间造窟风气、特色提供了有力地考证。

看经寺为武则天时期

所雕刻，双室结构，前室崖壁有数十尊小龛造像，主室平顶，方形平面，四壁垂直，三壁下部雕出高均为1.8米的传法罗汉29祖，为我国唐代最精美的罗汉群像。

香山寺位于洛阳城南的香山西坳，与西山窟区一衣带水，隔河相望，与东山窟区和白园一脉相连，并肩邻立。香山因盛产香葛而得名。

香山寺始建于516年。武则天在洛阳称帝，建立武周王朝后，梁王武三思奏请，敕名“香山寺”。

832年，河南尹白居易捐资六七十万贯，重修香山寺，并撰《修香山寺记》，寺名大振。此外，白居易还收集了5000多卷佛

经藏入寺中。白居易自号“香山居士”即来源于此。

白园，位于洛阳龙门风景名胜区东山琵琶峰上，是唐代诗人白居易的墓园，占地面积30000平方米。白园内主要景点有青谷区、乐天堂、诗廊、墓体区和道诗书屋等10余处。

青谷区有白池、听伊亭、石板桥、松竹和白莲。区内瀑布飞泻，池水荡漾，竹林清风，白莲飘香，使人心旷神怡。

乐天堂依山傍水，面对青谷，是诗人作诗会友之处，室内自然山石裸露，汉白玉雕像潇洒自然，静座山石之上，给人以深思明世之感。站在乐天堂前，可深切回味诗人原作“门前长流水，

墙上多高树，竹径绕荷池，萦回百余步”的内涵。

诗廊立石38块，由国内名家书写，行、草、篆、隶齐全，既可以欣赏白居易的名作，又可以领略书法艺术之美。白园为纪念性园林，园内建筑古朴典雅，三季有花，四季常青，曲径通幽。

延伸阅读

白居易放情于山水，赏玩泉石风月。因慕恋香山寺清幽，常住寺内，自号“香山居士”并把这里作为了自己最终的归宿。

在他74岁时，和遗老胡杲、吉皎、郑据、刘真、卢贞、张浑6人结成了“尚齿七老人会”，后来，又有百岁之人李元爽，95岁的禅师如满加入，号称“香山九老”，终日吟咏于香山寺的堂上林下，写下了许多歌咏龙门山水及香山寺的诗篇。

华彩四射的玉华洞

玉华洞位于福建省将乐县城南天阶山下，是福建最大的石灰岩溶洞。玉华洞誉称“形胜甲闽山，人间瑶池景”。玉华洞总长10000米，主洞长2500米，被誉为“闽山第一洞”，是我国四大名洞之一。

玉华洞之所以被称为玉华洞，是因为洞中的石钟乳莹白如玉，华彩四射。

玉华洞在雨过天晴后曾出现华光，雾气在阳光和灯光的照射

下如梦似幻，变化莫测。玉华洞每一处景观都被人们赋予美丽的名字。

形象最为逼真的有“苍龙出海”、“童子拜观音”、“鸡冠石”、“瓜果满天”、“峨眉泻雪”、“擎天巨柱”、“马良神笔”、“嫦娥奔月”、“瑶池玉女”等。

洞内有两条通道，由藏禾洞、雷公洞、果子洞、黄泥洞、溪源洞、白云洞等6个支洞和石泉、井泉、灵泉3条深不及膝的小阴河组成。洞内小径盘曲，钟乳石优美多姿，有180多个景点。

“鸡冠石”是玉华洞的洞标，型如鸡冠呈倒三角形的巨石上，底部还有石基，俨然一块呈列展台上的宝石。玉华洞入口在山脚下，名为“一扇风”；出口则在山顶，叫做“五更天”，可以使人体验到由昏暗转为光亮的景色。

玉华洞形成于2.7亿年前，由海底沉积的石灰熔岩经过三次地壳运动的抬升和亿万年流水的冲刷、溶蚀、切割而成，属典型的喀斯特地貌景观，如今正处于发育生长期，是一处胜景天成、如梦如觉、自然幻化的人间仙境。

玉华洞于汉初被人发现，据说洞中原本全都是白色的，自宋代以来，就不断有人入洞游览，洞壁留下了被火把熏黑的痕迹。洞的进口和出口处岩壁上保留不少宋以来的摩崖石刻。如宋代理学家杨时，民族英雄李纲曾游此洞。

幽深的玉华洞是实施洞穴疗法的“天然医院”，洞内温度长年保持18℃，凉风习习，空气清新。其前洞空气在洞内受冷下流往前洞喷出，前洞口的风力强达4级，构成闻名的“一扇风”，令人心旷神怡。

走进洞门，阴风乍起，凉飕飕的令人有点不寒而栗，真是“一扇风”。洞内小径盘曲，处处是神奇的景观，奇形怪状的钟乳石，惟妙惟肖，形状优美。身入其境，深感大自然鬼斧神工之精妙，诡异而神秘。

“瓜果满天”是由纠结饱满的钟乳石布满整个洞厅的顶部，斜挂而下，如荔枝，如菠萝，如葡萄，五颜六色的灯光打在上面，美不胜收。

“峨眉泻雪”四周都黑漆漆的洞壁乍然洁白一片，却又沟壑分明，如同雪满山崖，令人流连忘返。

明代著名旅行家徐霞客踏雪游览玉华洞后，在《玉华洞游记》中盛赞：“此洞炫巧争奇，遍布幽奥”。

玉华古洞之美，是一种天然的美，灵动的美，以风取胜、以水见长、以云夺奇、以石求异的风姿神韵，处处透露出大自然鬼斧神工的奇瑰迷幻。更以其美轮美奂、钟灵毓秀的绝尘清雅，在我国溶洞景观的丛林中绽放异彩。

延伸阅读

传说古代将乐有金华、银华、玉华三洞，都是奇巧壮观的洞府，洞中景致吸引着不少人前往观光。有个皇帝出游银华洞，在洞里丢了还魂带、金扁担两样宝贝。此后，达官贵人争相来此游玩，既看景致，也想捡到那两样宝贝。如此一来，当地百姓可倒了霉，吃喝招待要摊派钱粮。大家一气之下，就把金华洞和银华洞封住了，从此，只剩下了玉华洞。

出类拔萃的织金洞

织金洞原名打鸡洞，位于贵州省织金县城东北的官寨乡。织金洞是一个多层次、多类型的溶洞，全洞空间宽阔，有上、中、下三层，洞内有多种岩溶堆积物，显示了溶洞的一些主要形态类别。

织金城建于1382年，三面环山，一水贯城，城内有71处清泉，庵堂寺庙50余处，有结构奇特的财神庙、洞庙结合的保安寺等。

织金洞是我国目前发现的溶洞中最出类拔萃的一个，规模宏伟、造型奇特、岩质复杂，拥有40多种岩溶堆积形态，包括世界溶洞中主要的形态类别，被称为“岩溶博物馆”。洞外还有布依、苗、彝等少数民族村寨。

冯牧有诗写道：

黄山归来不看岳，织金洞外无洞天。

琅嬛胜地瑶池境，始信天宫在人间。

根据不同的景观和特点，织金洞分为迎宾厅、讲经堂、雪香宫、寿星宫、广寒宫、灵霄殿、十万大山、塔林洞、金鼠宫、望山湖、水乡泽国等景区。洞内有各种奇形怪状的石柱、石幔、石花等，组成奇特景观。

织金洞最大的洞厅面积达30000多平方米。每座厅堂都有琳琅满目的钟乳石，大的有数十米，小的如嫩竹笋，千姿百态。还有玲珑剔透、洁如冰花的卷曲石及霸王盔、玉玲珑、双鱼赴广寒、水母石、碧眼金鼠等景观，形态逼真，五彩缤纷。“银雨树”高达17米，挺拔秀丽，亭亭玉立于白玉盘中，人人赞叹。

织金洞地处乌江源流之一的六冲河南岸，属于高位旱溶洞。

洞中遍布石笋、石柱、石芽、钟旗等40多种堆积物，形成千姿百态的岩溶景观。洞道纵横交错，石峰四布，流水、间歇水塘、地下湖错置其间。被誉为“岩溶瑰宝”“溶洞奇观”。

织金洞在世界溶洞中具有多项世界之最：如整个洞已开发部分就达35万平方米；洞内堆积物的多品类、高品位为世间少有；洞厅的最高、最宽跨度属于至极；神奇的银雨树，精巧的卷曲石举世罕见。

织金洞中最大的景观是金塔宫内的塔林世界，在16000平方米的洞厅内，耸立着100多座金塔银塔，而且隔成11个厅堂。金塔银塔之间，石笋、石藤、石幔、石帏、钟旗、石鼓和石柱遍布，与塔群遥相呼应。

织金洞属亚热带湿润季风气候区域，地处我国乌江上游南岸，系受新构造运动影响，地块隆升，河流下切溶蚀岩体而形成

的高位旱溶洞。

地质形成约50万年，经历了早更新世晚期至中晚新世。由于地质构造复杂多变，使该洞具有多格局、多阶段和多类型发育的特点。

织金洞是一个多层次和多形态的完整岩溶系统，是世界溶洞的佼佼者之一。洞内堆积物的高度平均在40米左右，最高堆积物有70米，比世界之最的古巴马丁山溶洞最高的石笋还要高7米多。

从洞的体积和堆积物的高度上讲，它比一直誉冠全球并列为世界旅游溶洞前六名的法国、南斯拉夫等欧洲国家的溶洞要大两三倍。

织金洞规模宏大，形态万千，色彩纷呈。雄伟壮观的“地下塔林”、虚无缥缈的“铁山云雾”、一望无涯的“寂静群山”、磅礴而下的“百尺垂帘”、深奥无穷的“广寒宫”、神秘莫测的“灵霄殿”、豪迈挺拔的“银雨树”、纤细玲珑的“卷曲石”、

栩栩如生的“普贤骑象”、“婆媳情深”等一幅幅大画卷，令人心魄震惊，叹为观止。

瑰丽多姿的喀斯特地貌风光，把织金洞映衬得气势恢宏。在织金洞地表周围约5平方千米范围内分布有典型的罗圈盆、天生桥、天窗谷、伏流及峡谷等，被国际知名的地貌学家威廉姆称为“世界第一流的喀斯特景观”。

织金洞最显著的特征是大、奇、全。大是指织金洞的空间及景观规模宏大，气势磅礴；奇是指景观及空间造型奇特，审美价值极高；全是指洞内景观形态丰富，类型齐全，岩溶堆积物囊括了世界溶洞的主要堆积形态和类别。

迎宾厅由于洞口阳光照射，厅内长满苔藓。岩溶堆积物如巨狮、玉蟾、岩松。

厅顶有直径约10米的圆形天窗，阳光可直射洞底；窗沿串串滴落的水珠，在阳光的照耀下，仿佛撒下千千万万个金钱，称“圆光一洞天”，又名“落钱洞”。

侧壁旁一小厅，中有一棵10余米高的钟乳石，形如核弹爆炸后冉冉升起的蘑菇云，名“蘑菇云厅”。厅内还有直径约4米的圆形水塘，站立塘边，可观看塘中如林石笋和洞窗倒影，名“影泉”。

讲经堂因岩溶堆积物如罗汉讲经得名。中间有一面积300平方米的水潭，被钟乳石间隔为二，名“日月潭”，系全洞最低点。潭中岩溶物形如三层宝塔，顶端坐一佛，如聚神讲经。

“蘑菇潭”潭水中有无数朵石蘑菇，影随波动；“石鼓”面平中空，水点滴在鼓上，咚咚作响。

“塔松厅”内有相对两棵石松，一棵黑褐色，高5米，酷似针叶的钟乳石聚成片状凝结在主干上，下大上小，呈塔形；另一棵高近20米，层层叶面上如覆白雪，名“雪压青松”。

远古时洞顶塌落的巨石堆积如山，称“万寿山”，后来山上又覆满岩溶堆积物。上有珍奇的“穴罐”，呈椭圆形。旁有“鸡血石”，晶莹绯红，酷似“孔雀开屏”。有3尊“寿星”，高10米至20米。洞顶和厅壁由黄、白、红、蓝、

褐诸色构成美丽的图案。

望山洞是织金洞中枢纽，可通往各大景区。湖边钟乳石呈黑色，其中最大的一棵高达10米，形如铁树，树身布满千万颗黑色石珠，上端右侧呈白色，如雪花被覆，称“铁树银花”。

湖东北岸是一陡峭斜坡，路歧出，一条18盘，绕27拐，登441石级进“南天门”，入“灵霄殿”；另一条经422石级进“北天门”，入“广寒宫”。

江南泽国分为漫谷长廊、北海陇、宴会大厅和江南泽国4个部分。

“漫谷长廊”，洞廊深长、壁间钟乳石奇异多姿；“宴会大厅”，面积10000多平方米，洞内平坦干燥，是理想的休息、进餐和活动场所。

“北海陇”中的数条游龙似的边石坝蜿蜒伸展，钟乳石林立；中有一深潭，潭中有9根石笋，称“清潭九笋”；“江南泽国”的流水、湖泊、水塘、水田交错，流水潺潺，田水如镜。

雪香宫中的岩溶堆积物如茫茫雪原，注柱四立，玉帷高挂，俨然一派北国风光。其间，有自然形成的20多块谷针田、珍珠田、梅花田；有20余个大小不一的石盾；有数十面红色透明的钟旗，扣之如钟声；有百余棵石竹形成的“竹苑”，意趣横生。

“卷曲石洞”在200余米的洞厅顶棚上，布满数万颗晶莹透亮的卷曲石，中空含水，弯曲横生，甚至向上生长。

“灵霄殿”两壁垂下百尺石帘，五彩斑斓，俨然天宫帷幕。正中有一棵石柱拔地而起，直抵顶棚，称“擎天柱”。柱后有面积约20平方米的水池，石莲飘浮出水面，称“瑶池”。

“广寒宫”群山耸列，陡峭险峻。两山间为开阔平地，地下湖横陈其间。有60余米高的“梭罗树”，长满成千上万朵石灵芝；有17米高的“霸王盔”，酷似古时武士头盔；有50米高的石佛，巍然屹立；有17米高的“银雨树”，亭亭玉立，洁白有光。

“十万大山”洞内地势起伏，石峰丛立。山间常有云雾缭绕，有金色塔山、成林玉树，还有螺旋状的高大石柱“螺旋树”。洞内还有“珍珠厅”，石珍珠晶莹闪光，熠熠生辉，似人间仙界。

延伸阅读

织金洞处于苗族地区，在这里，你可以领略苗族射弩表演的伟力，可以与苗胞相携随乐跳起芦笙舞，可以亲身感受苗家儿女求偶择伴的“跳花”情景。这里有颇负盛名的织金“残雪”“金墨玉”大理石系列工艺品，做工古朴的蜡染纪念品和砂器用具，可供游人赏玩择购，营养极高的竹荪、天麻等产品，都是织金县久负盛名的特产，不仅口味极佳，更是美容养生的佳品。浓郁的民族风情，独特的风物特产，丰富和充实了人们的名洞之旅。

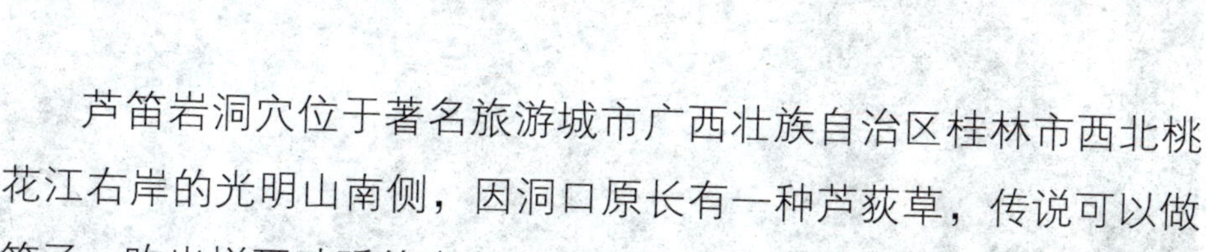

艺术之宫芦笛岩

芦笛岩洞穴位于著名旅游城市广西壮族自治区桂林市西北桃花江右岸的光明山南侧，因洞口原长有一种芦荻草，传说可以做笛子，吹出悦耳动听的声音，因此得名芦笛岩。

芦笛岩是一个囊状的岩洞，进口与出口相邻，进洞处为原来的天然洞口，出洞处是开凿的人工洞口。洞深240米，游程约500米。岩洞是由70余万年前地下水沿着岩石的破碎带流动溶蚀而形成的。

在这个奇妙的岩洞中，琳琅满目的钟乳石、石笋、石柱、石

幔、石花拟人状物，惟妙惟肖，构成了三十多处景观，有红罗宝帐、高峡飞瀑、盘龙宝塔、原始森林、帘外云山、水晶宫等，可谓移步成景，步移景换。一些石头中空，敲击时发出的声音清越入耳，又称石琴、石鼓、石钟。

整个岩洞犹如一座用宝石、珊瑚、翡翠雕砌而成的宏伟、壮丽的地下宫殿，被誉为“大自然的艺术之宫”。

芦笛岩的特点是洞中滴水多，石钟乳、石笋、石柱发育成为洞中的填塞物也特别多。游人进洞，在林立的石柱缝隙中间转来转去，加上彩色灯光的照耀，如同置身仙境一般。

芦笛岩的景观，不仅精致美观，而且珠联璧合。满洞的石钟乳、石笋、石柱等等，好似象牙雕刻，仿佛黄杨木雕，美观异常，趣味横生。

那么，芦笛岩的景观是如何形成的呢？这首先就要了解桂林岩溶。岩溶是英文喀斯特的音译，它来源于东欧塞尔文尼亚共和

国的喀斯特高原，定义为对岩石的侵蚀及其产物。凡是地表水和地下水对可溶性岩石的破坏和改造作用都叫做岩溶作用。这种作用所产生的地上和地下的各种形态叫做岩溶地貌。

芦笛岩的形成经过了漫长的年代。远在3亿年前，桂林还是一片汪洋，在漫长的海洋历史中，海底沉积了一层厚而纯净的碳酸盐类，奠定了桂林岩溶地貌的物质基础。到三迭纪末期，桂林发生了强烈的地壳运动，使桂林露出海面，成为陆地。

100万年前芦笛岩这里原是一个古地下湖，由于地壳运动，山体抬升，地下水位下降，地下湖变成了山洞，后来，地下水沿着山体中许许多多的破碎带流动，溶解了岩石中的碳酸钙，当溶解有碳酸钙的地下水从岩石缝隙流到洞中时，由于水体环境(温度、压力、微生物等条件)变化，造成二氧化碳逸出，于是水溶液中的碳酸钙就沉淀结晶出来，经过近百万年的积累，生成钟乳石、流

石、石梯田等等，钟乳石则是构成洞穴美景的主要部分。

此后，洞顶上的水滴不断下落，在下落过程中，二氧化碳进一步逸失，而落在洞底时又继续沉积。这样的沉积物与石钟乳点相对应，由洞底往上生长，叫做石笋。

石笋的形态受水滴的化学性质、溶解物质多寡、落下的距离、滴水频率、空气流动情况等多种因素的支配，因此其形态也是多姿多彩。石笋的内部结构和石钟乳不一样，它没有中心孔道，呈叠帽状，一层一层往上长，下部年老，上部年轻。

石笋的顶部是圆的，当水滴从很高的地方落下时，则形成平顶状，高度继续增大，最后变成顶部中凹的滴杯状。石笋和石钟乳连接起来便形成石柱。如果滴水量增加，变成片状流动的水，就会形成石瀑布、石幔、石旗一类形态。

由此可见，由于天然水的溶解作用形成洞穴和天然水的沉淀

作用形成灰华及婀娜多姿的钟乳石，主要是水中二氧化碳的溶解—释放系统平衡作用的结果。

中国有句成语“水滴石穿”，但芦笛岩却是水滴石长，一旦滴水停止，钟乳石的生长也就停止了。由于芦笛岩的裂缝较大而多，含钙的岩溶地下水丰富，含杂质少，钟乳石堆积物沉淀结晶迅速，而且洞口窄小，通风微弱，风化作用进行缓慢，因此岩洞内钟乳石堆积物规模巨大，气势雄伟，色彩鲜艳。

在地表、空气中，有无太阳的照射，温度的升降非常敏感。在巨厚的岩层和山体中，冷热变化的传递就要缓慢得多；而在岩层和山体深处，几乎不受地表气温频繁变化的影响。

石灰岩山体内的溶洞，有点像是一个保温瓶，“体温”稳定，其气温普遍相当于当地的多年平均气温。桂林的多年平均气

温为19℃，因此，在岩洞内会感到冬暖夏凉。桂林无山不岩，最奇者唯有芦笛岩。

芦笛岩正处妙龄，风华盖世，仪态万千，光彩照人，气韵如仙，独具富丽绚烂的审美特征。芦笛岩诸景意和神接，自成境界，虽繁多而统一。再加上首景“狮岭朝霞”，末景“双柱擎天”，首尾呼应，前后一贯。正中，“水晶宫”诸景荟萃，宽阔高远，遂为重点，显得主次分明，从而达到了丰富而统一。

“狮岭朝霞”是一幅由许多钟乳石组成的壮丽图景：有挺拔的山峰，有茂密的森林，还有浓阴遮天的千年古树。每当太阳初升就有成群的狮子迎着朝阳在森林里尽情地欢舞，使整个森林充满了蓬蓬勃勃的朝气。一头大狮子，正带领着一群玩耍的小狮子，在朝阳下戏嬉。

“双柱擎天”是林中的一样高大、一样粗细的两根石柱冲破云霄，直刺青天，真有顶天立地的气概。仔细看，又能看出它们不同的地方：右边这根，看上去没有与洞顶连接，其实顶部有几根石丝已经连接起来了。左边这根“石柱”，像是已经连接了，实际上还差一点没有连接，它只不过是被一同色的石幔将柱顶给遮住了。真是“疑是相接却未接，像未相连却已连”。

据地质工作者研究，未连接的这根，只要还有滴水活动，总有一天也要连接起来。在桂林的岩洞中，因条件不同，钟乳石生长的速度也不一样，每100年里有的长几毫米，有的则长二三十厘米。

“水晶宫”是芦笛岩最宽阔的地方，最宽处有93米，最高处18米，大厅的左上方悬挂着一盏巨大的宫灯，把整个大厅染上了一层神奇的色彩，好像是神话故事里东海龙王的水晶宫。

走进这个大厅，大家一定会有这样的疑惑，为什么这里这么平整，空空荡荡，没有密集的钟乳石呢？

原来形成这种景观有两个原因：第一，这里的岩层平缓。古地下湖的湖水顺着岩层溶蚀了整层岩石，所以留下的层面平平整整，成了这个大厅；第二，是因为这里的洞顶岩石比较完整、裂隙小，水不能渗透下来，所以钟乳石也少。

芦笛岩不仅拥有秀丽的景色，还拥有深厚的文化底蕴。岩洞内共发现古代壁书170则，不少是文人、僧侣和游览者的题名、题诗，作者来自全国各地，题材以游览记事为主。可见早在一千多年前的唐代，芦笛岩就已经成为了一个游览胜地。

芦笛岩壁书共有77则，其中唐代5则，宋代11则，元代1则，明代4则，民国4则，年代无考者52则。大岩壁书共有93则，其中

宋代1则，明代71则，清代8则，民国1则，年代无考者12则。

由此可以看出，两洞壁书在年代分布上，有年可考的，芦笛岩以唐宋为多、明代较少，清代没有；而大岩则以明代为最多，清代次之，唐代、元代没有，宋代仅一件。

由于芦笛岩壁书剥蚀严重，大岩壁书比较清晰可认，因此两洞壁书在年代无考的数量上，又以芦笛岩较多，大岩较少。就作者和内容来说，芦笛岩壁书有不少是文人、僧侣和游览者的题名、题诗，作者来自全国各地；而大岩壁书则多为当地入岩者的纪事。

此外，从大岩壁书的用语通俗、行文不顺，以及错字、别字和书写之劣来看，它似乎多为粗识文字者的手笔。两洞壁书的不同之处，说明芦笛岩是一个历史悠久的游览胜地，大岩则是明清

时期当地群众的避难场所。

芦笛岩壁书最早见于唐贞元六年，即公元790年洛阳寿武、陈臬、颜证、王溆等四人题名。以上四人，颜证曾为桂州刺史，王溆于同年与僧人道树在虞山韶音洞有题名石刻。

此外，芦笛岩唐代墨迹尚有：“柳正则、柳存让、僧志达，元和元年二月十四日同游。”“无等、僧怀信、无业、惟则、文书、惟亮，元和十二年九月三日同游记。”“元和十五年，僧昼、道臻。”

壁书中的元和元年为公元806年，元和十二年为817年，元和十五年为820年。怀信等人的题名虽然部分已经蚀没了，但从他们在南溪山元岩的题名可以得到左证。

怀信、无等、无业、惟则及僧昼等人是唐代著名的和尚，

《高僧传》里载有他们的生平事迹。这几批僧人结伴游桂，反映了当年桂林佛教的盛行，因而这些题笔文字是研究唐代佛教传播和桂林历史的有用资料。

在芦笛岩壁书中，保存比较完整、比较清晰的是明代靖江王府采山队的题名，是一件为人注重的文物。题名写道："靖江王府敬差内官典宝周禧、郭宝、孟祥带领旗校人匠王茂祥、张文辉等数人十人采山至此，同游。丁丑岁仲夏月十有六日记。"

这则壁书高50厘米，宽58厘米，字径6厘米，反映王府在营建藩邸、陵墓时曾到此选材取石。据考证，靖江庄简王陵的陵门，金水桥等使用的带红纹石材即取自光明山。反映了当年靖江王为营建华丽的府第和陵墓大肆滥用人力物力的情况。它是封建统治者豪华奢侈的罪恶证据。

芦笛岩年接待游客量居世界岩溶景区之首，开放以来已接待过4000多万游客，有众多党和国家领导人、外国首脑及政要参观过芦笛岩，他们在参观后被这人间奇景所倾倒，都对景区高度赞誉，由此芦笛岩也被称为“国宾洞”。

延伸阅读

芦笛岩洞穴还有两座造型奇特的石笋，一座像大雪人，由于天气冷，它把手已经缩到口袋里去了。另一座像一棵上尖下圆的塔形松树，松树的枝叶上盖着一层厚厚的冰雪，屹立在林海雪原之中。俗话说：“雪压青松松更青”，白雪青松，更显现出青松那不畏严寒、傲视风雪的坚强性格。这个景点是芦笛岩洞穴里著名的“塔山傲雪”。

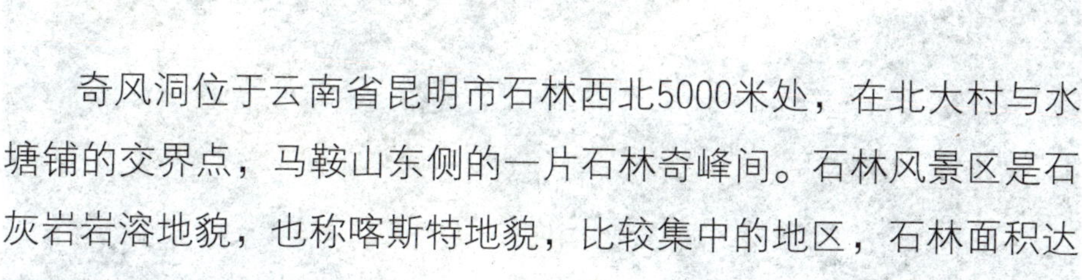

会呼吸的奇风洞

奇风洞位于云南省昆明市石林西北5000米处，在北大村与水塘铺的交界点，马鞍山东侧的一片石林奇峰间。石林风景区是石灰岩岩溶地貌，也称喀斯特地貌，比较集中的地区，石林面积达400平方千米。

景区由大、小石林，乃古石林，大叠水，长湖，月湖，芝云洞，奇风洞7个风景片区组成。

其中，石林的像生石数量多，景观价值高，举世罕见。

石林奇峰造型迥异，各具特色：有的像点燃的火把，有的像冰清玉洁的雪莲，有的像鲜嫩可爱的蘑菇，甚是壮观。

奇风洞是石林的著名景区之一。在石峰下的庄稼地里有一直径为1米宽的小洞。这个毫不起眼儿的小洞就是奇风洞。

奇风洞是石林风景区众多溶洞中最为奇特的一个，洞旁有一巨石突兀独立，像一护卫奇风洞的卫士。

奇风洞不以钟乳石的怪异出名，而是因其会像人一样呼吸而引起人们的关注，所以也称为“会呼吸的洞”。

每年雨季，当大地吸收了大量的雨水，干涸的小河再次响起淙淙的流水声时，奇风洞也开始吹风、吸风，发出“呼——扑，呼——扑”的喘息声，像一头疲倦的老牛在喘粗气。

要是有人故意用泥巴封住洞口，它也能毫不费力地把泥巴吹开，照样自由自在地呼吸。奇风洞吹风时，安静的大地会突然间尘土飞扬，并伴有“哗哗”的流水之声，似乎洞中随时都可能涌出洪水巨流。定眼窥视，却不见一滴水。

风量大时，使人有置身于狂风之中，暴雨即将来临之感。有人就地扯些干草柴枝，放在洞前点燃。只见洞中吹出的风把火苗产生的浓烟吹得漫天而飞，足有两三米高，持续两分钟后火势渐弱。暂停了十多分钟后，洞口的火苗的浓烟突然进入洞中。

这样一吹一吸，循环往复，像一个高明的魔术师在玩七窍喷火的把戏。

虹吸泉位于奇风洞景区的最低点，它又是自然的另一奇观。清澈透明的地下河水从洞口汩汩而出后，注入了一个落水洞。

随着河水的流淌，洞中的水位也逐渐上升，升高到1米至2米时，水位突然下降，并伴有雷鸣般的排水声。

三四分钟后一切恢复原状，接着水位又逐渐上升。循环往复，约每二三十分钟重复一次。

奇风洞的这些奇观是怎样形成的呢？

原来，奇风洞所在的地区为一种石灰岩岩溶地貌。在奇风洞之东约100米处有一条山沟，沟内有一个石灰岩受溶蚀形成的落水井。山上有一股清泉长年从上游缓缓流入井中，并从井底的裂隙中又流入地下暗河。当泉水的水量充沛时，因井底裂隙的排水能力有限，水井中的水便逐渐上涨。

由于此落水井的井壁上有裂隙，而且向上拱曲之后再缓缓落

入地下暗河，奇风洞的洞隙向下倾斜与此裂隙相通。因此，当落水井的泉水上升到一定程度，即水流入井壁的裂隙，水位达到裂隙的拱曲最高点时，便产生了虹吸现象。

也就是说，水沿着井壁裂隙通道流到暗河。与此同时，急速的水流发出了“哗哗”的响声，郁积在弯道中的空气受到流水的推压，从奇风洞喷出。

当落水井的水因被大量抽走而急剧下降至井壁裂缝时，空气便重新进入弯道产生回风。

总之，奇风洞的现象是一种虹吸现象。

事实上，奇风洞、虹吸泉和暗河是相互作用的，如果山脚的小溪中没有流水，奇风洞就不会呼吸；反之，若小溪的流量太

大，淹过暗河，奇风洞也不会呼吸。

因此，奇风洞的呼吸现象并不是一年四季都有的，而是只有在夏秋季节的雨季才能看到的奇观。

延伸阅读

岩溶地貌是具有溶蚀力的水对可溶性岩石进行溶蚀等作用所形成的地表和地下形态的总称，又称喀斯特地貌。除溶蚀作用以外，还包括流水的冲蚀、潜蚀，以及坍陷等机械侵蚀过程。

白云笼罩的火龙洞

火龙洞位于新疆伊犁地区伊宁市西北19千米，惠远镇东北约15千米的界梁子处。火龙洞地下的煤海能自燃，常年有热气从山体断裂的缝隙中喷出，含有大量硫黄、水晶、白矾等多种矿物质。在晴朗无云的天气里，山头上总是悠悠忽忽地飘着团团白云，四季不断，因而有了“白云山”之名。另外，火龙洞还是一

个温度特别高的洞穴。

传说150多年前，在白云山上的许多裂缝中散发出缕缕烟雾。有一些过路的歇息者都喜欢往有热气的洞穴里钻。

人们进入洞穴后，不仅解了乏，取了暖，而且惊奇地发现自身的陈年痼疾竟烟消云散。于是，有关热气洞穴的神奇、迷离、纷乱的传说不胫而走，而且越传越神。这就是伊犁独特而神奇的火龙洞。

火龙洞是地下煤田自燃而形成的地热资源。它从断裂的缝隙中溢出，含有多种矿物质，能治疗多种疾病，当地群众把这些地方叫作火龙洞。火龙洞确实使人感到神秘奇特：有的洞使人只

有一种暖融融的感觉，有的洞竟然有种看不见的气体薰蒸着人，有的洞散出缥缈的云雾，有的洞散发出的蒸气还夹杂着冰凉的水点。由于煤层自燃的缘故，附近岩层呈现褐红、橘黄、灰白等色泽，外观呈现以红色为主的彩色条带，地表植被稀少。

火龙洞还有一奇观，就是在火龙洞上空人们能看见终年不散的云彩。据考证，这种云彩与位于山腰的火龙洞有密切的关系。据调查，该地共有火龙洞17座，但它们各不相同。有的洞内温度高达100℃。

只要一走进洞口，你就会觉得热浪逼人，即使体质再好的人也很难在这里坚持1个小时。火龙洞除了温度的不同之外，还有旱湿也不同。其中湿洞是一种洞中充溢着湿漉漉的高温蒸气的洞穴。

凡是进入这种湿洞的人便

会顿时浑身湿透，分不清是水蒸气还是汗水。火龙洞这种湿热蒸腾的气体不断上升，就变成了这一地区缕缕不绝的雾气云彩，仿佛久久不会消散的云彩。

延伸阅读

火龙洞的不同洞穴虽同属一个山体，但温度、湿度均不相同，再加上这些喷气中含有硫黄、白矾、二氧化硅等物质，性能、功效各异。有的能够治疗妇科疾病，有的能治关节炎，有的能治眼疾耳病，有的能治高血压。

石花密布的银狐洞

1991年7月1日，距北京70千米的西南房山区佛子庄乡下英水村，人们在采煤掘进岩石巷道时发现了一个溶洞，该洞深入地下100多米，主洞、支洞、水洞、旱洞，季节河、地下河，洞连洞、洞套洞，纵横交错，上下贯通，是华北地区唯一开放的水旱洞为一体的自然风景溶洞。

该溶洞因洞顶倒挂着一个长近2米、形似猫头狐狸身的被称为银狐的雪白方解石晶体，所以洞名就叫银狐洞。银狐洞内既有一般的洞穴中常见的卷曲石、壁流石、石珍珠、石葡萄、石瀑布、石枝、石花、石蘑、石幔、石盾、石旗、穴珠、鹅管等，还有一般的洞穴中少见的云盆、石钟、大型边槽石坝、仙田晶花、方解石晶体。中国科学院地质研究所的专家学者一致认为，这是我国北方最好的溶洞。

银狐洞内的石花数量惊人，形状奇异。在洞顶、洞壁以及支洞深处的仙田里，菊花状、松柏枝叶态、刺猬样的石花密布。为何唯独此洞石花如此之多？没人能够说得清。

在一个人必须四肢贴地才能钻进去的小洞口，沿狭窄的洞壁前行十多米，是三叉支洞的交汇处。此处，洞顶密布着大朵石菊花，洞底有个一米高的石台，一个长近两米，形似雪豹头、银狐身的大型晶体，从洞顶垂到洞底，通体如冰琢玉雕般洁白晶莹，并且布满了丝绒状的毛刺，密密麻麻，洁白纯净，毛刺有五六厘米长。

北京市地矿局工程师认为，银狐洞是由于雾喷而后凝聚形成的。以国际洞穴联合会副秘书长为首的中国科学院地质研究所的一部分专家教授们则认为，丝绒般的毛状晶体是含有这种物质的水从内部通过毛细现象渗透到外部而形成的。

也就是说，前者持外部成因论，后者持内部成因论，究竟孰是孰非，可能两者都不是，而属第三种成因，目前还没人能说得清。有一位颇有名气的气功师光临银狐洞，进行发功测试，说此处的磁场异常强，远远超出其他地方。假若气功师所测可信，是否可以说银狐洞以及洞内的石花等溶蚀物都是强磁场所造化也未可知！

延伸阅读

银狐洞洞长超过5000米，其主洞、支洞、水洞、旱洞纵横交错，如万迷之宫，洞内不仅有石盾、石旗、石珍珠、鹅管等溶洞常见景观，亦有含羞玉兔、水晶玉竹、长城烽火、伟人座像等数十处地下奇景。